AF346976

UTILES.

1° **EAU ÉPIDERMO-ÏDE** pour la Toilette, la Barbe et les Bains;

2° **NOUVEAU CAFÉ-FRANÇAIS**, imitant le Café des Iles et infiniment supérieur à la Chicorée;

3° **NOUVEL HYDROFUGE**, qui préserve de l'usure et de l'humidité toute espèce de Bottes et de souliers;

PAR

Pierre-Lucien Prosper,

AUTEUR DU GÉNIE DES ARTS ET DES SCIENCES,

_____-Frères, N° 17, Ch.-d'Antin.

...IS. — 1829.

ARTS UTILES.

TABLE DES MATIÈRES.

FIN DE LA TABLE.

ARTS UTILES.

1° EAU ÉPIDERMO-ÏDE,

Pour la Toilette, la Barbe et les Bains;

2° NOUVEAU CAFÉ-FRANÇAIS,

Imitant le Café des Iles et infiniment
supérieur à la Chicorée;

3° NOUVEL HYDROFUGE,

Qui préserve de l'usure et de l'humidité
toute espèce de bottes et souliers.

PAR

P.-L. PROSPER,

AUTEUR DU GÉNIE DES ARTS ET DES SCIENCES,

Rue des Trois-Frères, n° 17, Ch.-d'Antin.

PARIS. — 1820.

IMPRIMERIE DE DAVID,
BOULEVART POISSONNIÈRE, N. 6.

NOTICE

SUR

L'EAU EPIDERMO-ÏDE POUR LA TOILETTE, LA BARBE ET LES BAINS.

L'impureté de l'eau qui sert pour la boisson, pour les alimens et pour les bains ; la négligence que l'on apporte le plus souvent à ne pas coller, à ne pas clarifier les boissons ; l'usage fréquent des alimens crus, ou d'origine insalubre ; la poussière souvent suspendue dans l'air qu'on respire : tout cela introduit, dans l'économie animale, une quantité immense de corps étrangers qui engendrent la laideur, la repoussante laideur.

Parmi ces corps étrangers, nous avons

remarqué à leur sortie, des vers infiniment petits, que des naturalistes appellent *Animacules* ou animaux infusoires, c'est-à-dire, qui naissent dans les infusions. Voyez le Dictionnaire d'histoire naturelle. article édition de Déterville, *Animacule*, par M. Bosc, membre de l'Institut, professeur au Jardin du Roi. « On ne peut « boire un verre d'eau stagnante, dit M. « Bosc, sans en avaler des milliers et « quelquefois des millions : la plus pure « en contient toujours quelques-uns, etc. »

Les premiers effets, les effets les plus ordinaires de la présence de ces animacules, sont de venir se répandre sur la face, d'inonder le visage, de déformer le nez, de rendre le menton rugueux ou galleux; de rendre le visage hâve, blême, couperosé, rouge, sinistre; de former des nez de betterave et de morille, des mentons écorchés, dégoûtans. De donner

enfin, à la physionomie, cet aspect indé-
finissable, dont le genre humain, le seul
genre humain, est honteusement gratifié.
Etes-vous dans un rassemblement ?
voyez quelle nombreuse variété d'altéra-
tion dans les figures. Ce sont les tristes
fruits de la négligence, et souvent de la
paresse.

Bien convaincu que de l'excès de tant
de souillures, naissent, non - seulement
la laideur, mais encore des maladies et
la mort prématurée ; bien convaincu que
l'âcreté brûlante et caustique des parfums
et des essences qui composent l'eau de
Cologne étaient loin de pouvoir aider la
nature à se débarrasser de ces larves ron-
geantes, nous avons remarqué avec tous
les bons observateurs, que l'usage de ces
cosmétiques imprudens ne faisait qu'ac-
croître le mal, en ternissant rapidement
l'éclat de la jeunesse et de la santé. Nous

nous crûmes donc obligé de nous servir des connaissances que nous avons acquises dans les sciences naturelles et médicales, pour composer une *Eau de toilette* qui puisse, sans aucune répercussion, faciliter la sortie de ces corpuscules étrangers qui bouchent la peau et rouillent pour ainsi dire nos organes. Cette tentative heureuse a complettement réussi. Nous avons donné à cette préparation le titre d'*Eau Epidermo-ide pour la toilette, la barbe et les bains.* Notre formule a été soumise par ordre de Son Excellence le ministre de l'intérieur, à l'examen de l'Académie royale de Médecine, qui a reconnu qu'elle ne contenait *rien de dangereux*, et le débit autorisé par la lettre dont Son Excellence nous a honoré le 15 mai 1824.

L'Eau Epidermo-ïde a déjà subi l'épreuve du temps et les essais des personnes éclairées dans les sciences et les arts qui lui ont accordé leurs suffrages, et qui depuis n'en ont pas discontinué l'usage, non-seulement comme moyen de toilette, mais encore comme moyen d'hygiène et de santé.

Nous remarquons avec un sentiment de reconnaissance et d'encouragement la clientelle des maisons ci-après, savoir :

M. le baron *D'Est*, secrétaire-général des Menus-Plaisirs du Roi.

M. le vicomte d'*Agout*, pair de France, à la Cour.

M. *Emile Audeval*, receveur-général de la Haute-Vienne, à Limoges.

M. *Max Titon*, receveur-général de la Charente-Inférieure, à La Rochelle.

M. le marquis de *Lauriston*, pair de France.

M. le baron F.-J. *Gérard*, lieutenant-général.

M. le chevalier *Cottin*, colonel-directeur de l'artillerie, à la Ferre.

M. le comte *Roy*, pair de France, ministre des finances.

M. le marquis *Thalonet*, pair de France.

M. le comte *Lariboissière*.

M. le comte *Dubois*, ancien préfet de police.

M. *Meunier*, propriétaire, rue Coquenard, n. 38.

Mme la comtesse de *Saint-Leu*.

M. *Poidevin*, architecte.

M. le docteur *Aussandon*, médecin.

M. le docteur *Vattier*, médecin.

M. le docteur *Cornac*, médecin.

M. le docteur baron *Bourdais*, médecin du roi.

MM. *Mariton* frères, négocians.

M. *David*, imprimeur.

M. *Levrault*, libraire.

M. *Renard*, libraire.

M. le chevalier *Binet*, capitaine des gardes.

M. *Antoine Mouret*, filateur de cotons à mêche, rue Barbette, n. 10.

Mlle *Ratteclif*, à Caen (Calvados.)

M. le baron *Burth*, lieutenant-général.

Mlle *Grassari*, cantatrice à l'Opéra.

Et des milliers d'autres que l'efficacité et la douceur de l'Eau Epydermoï-de ont déterminé à quitter l'usage de l'eau de Cologne, conception originaire des *Allemands*. (Cologne est une ville d'Allemagne qui, aujourd'hui, appartient aux Prussiens.)

Depuis l'invention de l'eau de Cologne, par la famille Farina, les sciences phisiologiques ont fait d'immenses progrès, et ce qui était bien autrefois l'est moins aujourd'hui ou ne l'est pas du tout. On ne trouvera donc pas dans cette notice les absurdités médicales dont on gratifie les prospectus pour l'eau de Cologne. Nous n'avons voulu offrir au commerce qu'une *eau de toilette* qui ait seulement la propriété de rappeler et d'entretenir le coloris et l'incarnat de la santé, de la beauté et de la tendre adolescence, en faisant sortir de la peau et de nos tissus, ces honteuses souillures stigmates qui ne proclament que trop combien l'homme se néglige pour ne s'occuper que d'avarice et d'intrigue. L'Eau Epidermoï-de, depuis qu'elle est sortie de nos mains, est chérie des femmes sensibles, des poètes et des amans.

DE LA MANIÈRE DE FAIRE USAGE DE L'EAU ÉPIDERMO-ÏDE,

1° *Pour la toilette.*

On commence par frotter légèrement à sec, *avec un linge doux de lin fin et pro-*

pre, le cou, les oreilles et toute la face, afin d'enlever la poussière et la crasse qui suinte à travers la peau, qui salit le linge ; ensuite, on trempe un coin du linge dans une cuillerée d'Eau Epidérmo-ïde pure, qu'on aura mis dans un gobelet , pour se bien laver à deux ou trois reprises , et l'on s'essuie. On fait cette salutaire opération matin et soir.

Elle répare des ans l'irréparable outrage.

RACINE.

Pour les dents, après qu'on les a brossées avec de l'opiat (au miel, quina et canelle), on se rince la bouche avec deux gorgées d'Eau Epidermo-ïde pure. Cette eau raffermit les dents au sein de leurs alvéoles, les préserve de la carie et du tartre dégoûtant ; empêche la pourriture des gencives ; fait sortir ces animacules qui sont la cause ordinaire des chancres et du scorbut; elle corrige la puanteur de l'haleine.

2° *Pour la barbe*,

Elle dissout le savon bien mieux que l'eau commune; après qu'on est rasé on se passe un linge trempé d'Eau Epidermo-ïde pour ôter le feu du rasoir et la causticité du savon, occasionnée par la présence de la potasse qui le compose. Cette pratique de se raser très-fréquemment et surtout de se raffraîchir le menton, doit être soigneusement recommandée aux hommes, car le menton est le siége le plus recherché par ces animalcules dont nous venons de parler, et nous nous sommes assuré, lorsque nous étions directeur des bains médicinaux de l'hôpital Saint-Louis, de Paris, que les dartres qui pullulent au menton ne sont occasionnées que par l'excès de cés animacules ou vers microscopiques ; c'est ce que M. le docteur baron *Alibert*, nomme DARTRE MENTAGRE. Dans notre ouvrage sur le *Génie de la Médécine,* nous aurons l'occasion d'attirer l'attention des docteurs sur les ressources de cette eau de toilette.

3° *Pour les Bains.*

Le salutaire usage de la fréquence des bains chauds (à 30 degrés de Réaumur, ou 92 degrés du thermomètre étranger de Fareinhet) n'a jamais été si bien secondé que par l'addition d'un flacon de chopine d'Eau Epidermoïde. Avant de verser cette bouteille, il faut être placé dans le bain et en avoir ajusté la température à sa convenance individuelle, en insistant cependant un peu pour un degré de chaleur capable de réveiller la circulation des fluides à la surface, sans toutefois trop élever ce degré au point qu'il fatigue ou qu'il tue d'apoplexie. Le bain étant au degré convenable, on y verse l'Eau Epidermo-ïde et on mêle. Pendant la durée du bain, il faut continuellement se frotter légèrement toute la surface du corps avec la main ou avec un linge de lin (1), afin de provoquer l'absorption de ce liquide régénérateur, et aussi pour déboucher la multitude infinie des pores exhalans et absorbans de la peau. C'est sous ce rapport qu'il est nécessaire de faire, pendant le bain, de légers mouvemens pour influencer la circulation générale et capillaire. La durée de ces bains est d'une heure; jamais on n'en saurait trop prendre.

Par l'usage des bains épidermo-ïdes, la

(1) Les toiles de chanvre et de coton, la laine et les éponges, ne sauraient convenir. Qui ne connaît pas les mauvais effets dés mouchoirs de poche en coton ?

peau la plus rugueuse, rèche, graveleuse, devient douce comme un satin et blanche comme le lys ou la neige; les chairs reprennent beaucoup de fermeté et d'élasticité, les membres plus de souplesse et d'agilité. Longtemps on se trouva si bien à Rome de l'usage de ces bains, qu'au rapport de PLINE, on n'y connut point d'autre médecine pendant six cents ans.

Pour se raffraîchir, on peut mettre plein une cuiller à bouche d'Eau Épidermoïde dans un verre d'eau sucrée; cela fait une boisson anti-spasmodique qui dissipe la migraine, les vapeurs et la mélancolie.

Le flacon d'une chopine se vend 2 fr. 50 c.—Le flacon d'un poisson : 1 fr.

La remise à MM. les épiciers, parfumeurs, est de 25 pour cent sur les factures de 20 fr. et au dessus.

NOTICE

LA DÉCOUVERTE DU CAFÉ - FRANÇAIS.

Pendant l'état de pénurie commerciale qu'on éprouva en France, lors du blocus continental, sous l'empire de Napoléon, le café devint si cher et si rare qu'on essaya toutes sortes de choses pour succédanné, c'est-à-dire pour le remplacer. La chicorée, cette plante herbacée, à suc laiteux, de nature amère, purgative et un peu narcotique (qui fait dormir), fut la production qui souvent servit à remplacer ou à falsifier le café des Iles. Mais cette invention innocente n'est certainement pas heureuse, et la distance qui sépare le café, qui est le fruit d'un grand arbre de l'Arabie, d'avec un peu d'herbe à tisanne de nos climats, est immense et a même quelque chose de dérisoire.

Eclairé par les savantes analyses qu'on possède sur la nature du café des Iles, et par l'usage que nous en faisons nous-même avec une sorte de prédilection toute particulière, nous nous sommes livrés à des recherches curieuses pour connaître si, *parmi les substances alimentaires de notre sol*, il n'y en aurait pas une plus heureuse, plus essentiellement rappro-chée des qualités du café des Iles que la triste et chétive chicorée. Nos recherches furent assez longues, mais à la fin nous y sommes parvenus, et pour notre essai, nous avons fait un vrai coup de maître. Une production qui en Europe sura-bonde, y est même estimée, pas chère, d'une culture facile, universellement con-

nue, nous a fourni tous les principes élé
mentaires et analytiques du café martinique, excepté *l'odeur*, qui n'est pas aussi
pénétrante, mais qui n'est point désa-
gréable.

Nous n'avons pas pu nous empêcher de
dire :

> Combien de fois on ignor
> Qu'on a le pied sur un trésor
> 1.

Depuis, nous n'avons eu qu'à nous
louer de l'usage de ce nouveau café ; nous
lui avons donné le nom de *Café Français*,
puisque c'est en France que l'idée de l'employer à cet usage a été proposée spécia-
lement par nous.

De même que le café des Iles, étant
grillé, il présente un principe légèrement
aromatique, un peu d'huile essentielle,
beaucoup de mucilage et de matière ex-
tractive ; enfin, pour le griller comme

pour le moudre, on se comporte comme pour le véritable café des Iles, et la poudre qu'on en obtient est identiquement la même, lorsque la toréfaction est portée au point convenable et que nous dirons.

Le Café Français est essentiellement analeptique, c'est-à-dire, qu'il est plus nourrissant que l'autre ; il récrée les esprits, fortifie l'estomac, et purifie, en quelque sorte, la masse du sang, par la présence d'un mucilage qui est fort estimé, et qui mérite en effet de l'être. Ce nouveau café n'a pas, comme le café des îles, l'inconvénient de provoquer l'ivresse et de trop agiter. A la rigueur, et pour les petites fortunes, les gens qui ont une famille nombreuse, *on peut l'employer pur*, fait à froid ou à l'eau chaude, par infusion ou par décoction, à l'eau, au lait ou avec de la crême. Mais si on l'associe avec le café des îles, *à la dose de partie égales de l'un et de l'autre*, ces deux cafés se prêtent réciproquement des propriétés nouvelles, qui feront les délices de ceux qui s'y adonnent, voire même les personnes opulentes ; parce que la toréfaction augmente sensiblement les bonnes qualités, déjà connues, de cette substance alimentaire. Cette production réédifie tellement bien le café des Iles, qu'en la considérant, avec les yeux de la philosophie, il semble que le divin auteur de la nature ne l'a créée que pour en faire une boisson générale, une jouissance de plus. Tandis que la CHICORÉE donne toujours un goût d'acidité, de *defructus*, de fruit fermenté qui la décèle. Elle ne peut produire que la caducité.

Nous ferons ici une remarque que nous avons déjà consignée dans un de nos ouvrages, publié en 1827, ayant pour titre : *Le Génie de l'Épicerie et des bran-*

ches accessoires, c'est que la semence de café, avant d'être grillée, *parait propre*, et qu'on la toréfie dans cet état. Eh bien ! on se trompe : rien de sale, rien de plus sale que ce café qui nous arrive des îles. Prenez de l'eau claire, un vase propre et assez grand, lavez ce café des Iles, *immédiatement* avant de le mettre dans le cylindre ou brûloir ; l'eau qui en résultera sera des plus sales, des plus nauséeuses, des plus dégoûtantes ! Vainement on dirait que la chaleur purifie, cette excuse est frivole : l'arsénic, pour avoir été au feu, n'en est pas moins poison ; et la saleté du café, infusée dans le sang, fait mal au cœur et rebute beaucoup de personnes délicates, qui sont bien loin de soupçonner la cause pourquoi le café les incommode. Le cœur est à l'homme ce que le balancier est à une pendule. La rouille arrête la pendule qui ne marque plus l'heure ; la malpropreté glace le cœur, fait cesser la vie. Il faut absolument, et de toute nécessité, laver le café des Iles, ainsi que celui que nous appelons Café-Français, immédiatement avant de les griller, et les griller toujours séparément. Cette consciencieuse déférence de l'épicier pour le public, sera justement recompensée par une consommation plus considérable. Ce que nous disons du café, sous le rapport de la salubrité, doit s'appliquer à toutes les choses qui peuvent être purifiées, rafraîchies, rajeunies même, avant d'être assimilées à nos organes. Voyez *le Génie de l'Épicerie* pour les articles café, thés, chicorée, chocolat, liqueurs, etc.

Disons encore aujourd'hui, à propos de café, que l'appareil de tôle, dont on fait usage pour le griller est tout-à-fait destructif des bonnes propriétés vivifiantes du café. C'est réellement comme si l'on voulait faire un excellent pot-au-feu dans une poéle à frire! C'est une absurdité! Nous avons trouvé ce qu'il faut.

Le prix du Café français, grillé et moulu pour le consommateur, est de *un franc* la livre ou demi-kilogramme. MM. les Épiciers jouissent d'une remise de 25 pour cent sur les factures de 20 francs et au-dessus.

Extrait de la Correspondance.

Monsieur Prosper,

L'échantillon de Café Français pur, a été soumis dans mon ménage à toutes les expériences de rigueur, au lait et à l'eau ; il en est sorti triomphant. Votre poudre étant mêlée avec celle de café

Martinique, ne se reconnaît plus, si ce n'est qu'elle donne à la boisson plus de velouté, plus de mousse et une odeur de fleurs qui ne m'est pas inconnue. Envoyez m'en 30 à 40 livres.

Recevez, etc.

THOMEREAU,
Epicier, rue St.-Lazare, n° 33,
à Paris.

« Monsieur Prosper,

« J'ai fait essai de votre nouveau Café ; il n'offre rien que de très-agréable, et l'on peut l'unir avec l'autre sans qu'on s'en aperçoive. Que dis-je ? il est meilleur.

Cette boisson a je ne sais quoi de balsamique, qui plaît.

Pourquoi n'avez-vous pas *donné* cette

recette dans *le Génie de l'Épicerie*, vous qui aimez la gloire ?

Agréez, etc.

HENNÉQUIN,

Au Café du Salon de Mars.

P. S. Les vingt livres sont usées ; envoyez-en davantage, et la facture acquittée.

———

L'usage journalier du Café Français est surtout très-efficace pour la santé des enfans à cause des maladies et affections muqueuses et vermineuses qui les assiègent et les tuent. Les vieillards y trouveront un rallongement de vie.

NOTICE

SUR

UN NOUVEL HYDROFUGE PROPRE A PRÉSERVER DE L'USURE ET DE L'HUMIDITÉ TOUTES ESPÈCES DE BOTTES ET DE SOULIERS.

———

La plupart du temps, les chemins sont couverts de boue; on a sans cesse les pieds dans l'humidité, le cuir pourrit, les coutures lâchent, l'eau pénètre; la salleté corrossive de cette humidité supprime l'insensible transpiration des pieds; cette excrétion salutaire est refoulée vers la poitrine ou vers la tête. Il en résulte des rhumes, des pulmonies, des maux de gorge, dont on est bien loin de soupçonner la première, la véritable origine. On a même vu la suppression de la sueur des pieds déterminer chez plusieurs une apoplexie foudroyante que les secours de l'art ne purent arrêter. Chez d'autres, enfin, cette suppression de transpiration a causé la surdité, la perte de la vue, etc.

A l'aspect de ces dangers, nous avons donné, dans le livre intitulé le *Génie de l'Epicerie*, une recette pour une *pommade humidifuge* à usage des chaussures, ainsi qu'un *hydrofuge* pour garantir de l'humidité des murs. Mais depuis, rectifiant nos expériences sur les arts utiles, nous avons perfectionné un *hydrofuge pour la chaussure*, qui a le double mérite de les garantir de la filtration, de la pourriture des coutures. Mais encore il prolonge la durée du double, par la raison que le frottement sur le gravier reste presque

sans effet ; de sorte que l'on peut mettre
le pied impunément dans le ruisseau , un
escarpin en sortira sans conserver d'eau.
Puis, quel immense avantage que celui
d'avoir les pieds constamment secs et
chauds !   . . . .

La manière de l'employer est fort
simple. Quand la chaussure est cirée avec
le cirage ordinaire , la semelle étant bien
décrottée et brossée, on applique des-
sous et le long des coutures de côté , de
l'Hydrofuge en frottant avec le bout des
doigts : il faut bien l'étendre, bien frotter,
pour qu'il pénètre dans le cuir, le corroye
sans en laisser aucune épaisseur ; et l'on
recommence chaque fois que la chaussure a servi.

Si avec cet Hydrofuge on avait soin de
graisser les *sabots* des chevaux et autres
animaux de ce genre , on les préserverait
de *javarres* , *crevasses* et autres accidens

occasionnés par la causticité de la boue.

Cet hydrofuge peut également servir pour la conservation des harnais et des capotes de cabriolets, etc. On le vend par :

Pot d'une once. . . . . . . 5o c.
Pot de deux onces. . . . . . 1 fr.
Pot de quatre onces. . . . 2
Pot d'une livre. 6

Remise au commerce, 25 pour cent, sur les factures de 20 fr. et au-dessus.

Ces trois productions utiles se trouvent aussi à . . . ., département . . . ., chez M. . . . ., rue . . . ., n° . . . ; au mêmes prix qu'à Paris.

Nota. L'acide boracique a baissé de prix, il vaut en septembre 1829, 3 fr. 5o c., sans remise ni escompte.

AVIS

AU COMMERCE.

Le désir de nous rendre d'une utilité plus générale , en proposant en différens pays les produits de nos découvertes, nous a suggéré la pensée de concéder à plusieurs LE SECRET DE LEURS COMPOSITIONS , et de plus, de leur accorder le droit de faire réimprimer ces présentes Notices , pour vendre et débiter *comme les tenant de notre main et avec notre aveu formel* , afin d'inspirer aux consommateurs la même confiance avec laquelle le public a eu l'extrême bonté d'accueillir la collection des écrits que nous publions sous le titre de *Génie des Arts et des*

Sciences, ainsi que nos autres productions industrielles.

Les différens emplois que nous avons occupés avec honneur, gloire et probité, dans la capitale du monde civilisé, a semblé nous donner l'espoir qu'il se trouverait des hommes laborieux et vigilans, qui, chacun dans leur canton, se ferait un plaisir et un profit de fabriquer euxmêmes nos productions pour les présenter à la consommation de leurs compatriotes. Nous avons d'après cette idée fait insérer dans les annonces du Journal LE CONSTITUTIONNEL, du 26 août 1829, l'offre suivante :

» « *Arts utiles*. —Deux découvertes d'ob-
»jets d'arts, de première nécessité, d'u-
»tilité générale, se rapportant à l'épicerie
« où parfumerie, offrent des bénéfices
»certains; on cédera le secret de ces deux
» compositions et le privilége du *nom de*

» *l'auteur*, comme suit, savoir : pour un
» royaume étranger, 2000 fr. ; pour Paris,
» 12,000 fr. ; pour une ville de préfecture,
» 1000 fr.; de sous-préfecture, 600 fr.;
» de chef-lieu de canton, 400 fr. On peut
» demander les échantillons et les notices,
» pour 5 fr. S'adresser, à Paris, rue des
» Trois-Frères, n° 17, Chaussée d'Antin,
» à M. P. L. PROSPER, etc. »

Par cette annonce notre intention serait
que chaque acheteur *eût sa circonscription
territoriale*, dans laquelle il pourrait établir autant de fabriques ou de dépôts
qu'il jugerait convenable, mais pas au-delà de sa limite, avec liberté cependant
à tous *de vendre et expédier leurs marchandises en tous lieux généralement quelconque.*

Les deux découvertes offertes sont
l'*Eau Epidermo-ide* et le *Café Français.*
Quant à l'*Hydrofuge*, nous donnerons *la*

recette telle que nous venons de la perfectionner , *par dessus le marché* et sans y attacher aucune importance , puisqu'elle se retrouve *en partie* dans un de nos ouvrages.

Par ces mots de l'annonce : « *et le pri-* » *vilége du nom de leur auteur,* » cela ne veut pas dire un *brevet d'invention* , mais bien le droit exclusif et privatif que notre acheteur aura de vendre et débiter ces articles *comme les tenant seul de notre autorisation* ; de plus , nous leur fournirons en outre des recettes du secret de ces trois objets , et le manuscrit des renseignemens de fabrication : notre sous - seing privé *comme quoi nous lui avons fait cette vente de nos trois découvertes.*

Nous n'avons pas cru devoir recourir *aux brevets d'invention* pour ces utiles découvertes , parce que ces brevets sont souvent une matière à procès ; c'est le secret du tambour, chacun est libre d'aller dans ce bureau des brevets, *compulser* les procédés, et à l'expiration du délai on les rends publics. Nos secrets sont à nous, pour nos amis et pour l'autorité quand elle le désire, dès-lors nous n'avons pas de terme ni d'échéance à craindre. C'est en 1815, que nous avons commencé à faire de l'Eau Epidermo-ïde, le brevet serait déjà échu. Le meilleur brevet, à notre avis, c'est une réputation de probité, de désintéressement et de franchise; c'est par ces moyens que nous nous sommes fait un nom pour lequel la société a de la bienveillance.

Ces fabrications sont faciles à exécuter, même pour une dame ; elles n'exigent ni appareil ni dépense, et les produits se vendent au comptant.

La personne qui désirera acquérir le secret de ces fabrications fera deux copies du sous-seing privé, qui suit, sur papier timbré à 35 centimes.

COPIE.

Entre Pierre-Lucien Prosper, auteur de la Collection du Génie des Arts et des Sciences, demeurant à Paris, rue des Trois Frères, n. 17, Chaussée-d'Antin, d'une part ;

Et M... (*nom, prénoms, profession et demeure*) d'autre part ;

Il a été proposé, convenu et arrêté ce qui suit, savoir : M. Prosper vend, cède et livre à M... les secrets, recettes et procédés de trois découvertes qu'il a faites dans les arts, qui sont : 1° Une Eau Epidermo-ïde pour la toilette, la barbe et les bains ; 2° un nouveau café, dit Café Français ; 3° un nouvel Hydrofuge pour la chaussure. M. Prosper, en vendant ces procédés et secrets, renonce à ne jamais en établir fabrique ni dépôt dans l'étendue territoriale pour laquelle M.... a acheté, et à ne vendre à qui que ce soit le droit d'en établir sur ladite étendue territoriale inclusivement.

D'autre part, M.... se rend acquéreur des secrets, recettes et procédés vendus par M. Prosper, moyennant la somme de ...... qu'il lui fait verser et qui accompagne les présentes conventions. M.... se rend acquéreur de ces découvertes pour en établir fabriques et dépôts dans toute l'étendue territoriale des villes et cantons de ..... inclusivement, mais pas au-delà. Il s'engage à ne faire connaître ces procédés et secrets de fabrications qu'à son seul successeur.

Fait en *double* à .... le 18

On signera les deux copies, on nous les enverra ; nous les signerons et nous en renverrons une à notre acheteur, avec toutes les autres pièces, comme il est dit.

Ceux qui ont à Paris un correspondant peuvent le charger de cette petite négociation, en lui envoyant leurs sous-seing-privés. Dans tous les cas, nous ne délivrerons ces papiers et secrets qu'à l'acquéreur même, s'il peut venir à Paris, ou bien en un paquet *chargé* à la poste et affranchi, scellé de trois cachets en toutes lettres de notre nom comme en marge, lequel paquet ne sera remis qu'à notre *cessionnaire*. De tels secrets ne peuvent être confiés à des tiers.

Une même personne peut acheter pour

plusieurs circonscriptions territoriales à la fois.

Signé : P.-L. PROSPER.

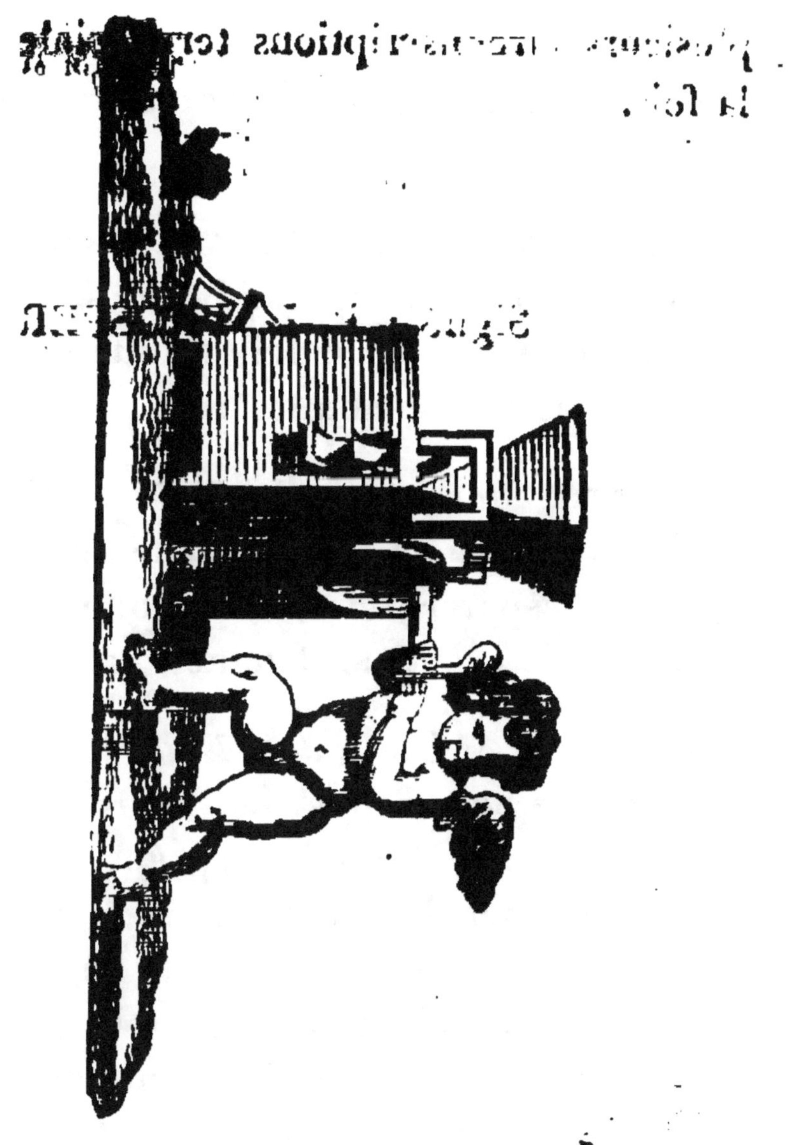

ANNONCES BIBLIOGRAPHIQUES.

Ouvrages du GÉNIE DES ARTS ET DES SCIENCES
qui sont en vente :

TOME 1er. *Manuel du Chandelier*, ou Nouvelle Méthode pour clarifier et blanchir le Suif, faire la Chandelle ordinaire avec perfection et économie. Prix : 5 fr.

TOME 2me. *Manuel du Fabricant de Cires, Cierges et Bougie*, ou Nouvelle Méthode pour préparer, purifier et blanchir la Cire et le Blanc de Baleine. Prix : 5 fr.

TOME 3me. *Le Génie de l'Epicerie* et des branches accessoires, où l'on remarque une Nouvelle Méthode de préparer l'eau pour couper les eaux-de-vie et esprits en leur enlevant l'aigreur et l'acidité, de manière qu'elles imitent le Cognac à s'y méprendre : et infiniment d'autres renseignemens qui élèvent l'Epicerie à la hauteur des lumières de notre siècle.

Tome 4me. *Supplément général à tous les Traités sur la Chandelle et la Bougie* (même aux deux ci-dessus) contenant des procédés infiniment plus simples pour fondre sans roussir, sans créton ; blanchir, sans dépense, aussi blanc que la neige par les seules propriétés de l'eau appliquée d'une manière nouvelle.

Le livre porte cette épigraphe :

« Des moyens plus simples viennent ouvrir un nouveau champ au génie. »

Condorcet, *Esquisses des Progrès de l'Esprit humain.*

Prix : 10 Francs.

On peut avoir chaque tome séparément.

Ces Ouvrages se trouvent chez tous les Libraires de Paris et des Départemens, et à Paris chez *P.-L. Prosper*, rue des Trois-Frères, n° 17, Chaussée-d'Antin, et à Bercy, Grande-Rue.